I0057778

BERICHTE UND ABHANDLUNGEN

DER WISSENSCHAFTLICHEN GESELLSCHAFT FÜR LUFTFAHRT E.V. (WGL)

(Beihefte zur „Zeitschrift für Flugtechnik und Motorluftschiffahrt" (ZFM)

SCHRIFTLEITUNG:
Hauptmann a. D. G. Krupp
Geschäftsführer der Wissenschaftlichen
Gesellschaft für Luftfahrt E.V. (WGL)

WISSENSCHAFTLICHE LEITUNG:
Dr.-Ing. e. h. Dr. L. Prandtl
Prof. a. d. Univ. Göttingen u. Dir. d. K. W.
Inst. f. Strömungsforschung, verb. m. d.
Aerodynam. Versuchsanstalt, Göttingen

Dr.-Ing. Wilhelm Hoff
Prof. a. d. Techn. Hochschule Berlin,
Direktor d. Deutschen Versuchs-
anstalt für Luftfahrt, Adlershof

14. Heft   **Dezember 1926**

Jahrbuch der
Wissenschaftlichen Gesellschaft für Luftfahrt 1926

⟨Ordentliche Mitglieder-Versammlung in Düsseldorf⟩

INHALT:

Verlag von R. Oldenbourg / München und Berlin 1926

www.ingramcontent.com/pod-product-compliance
Lightning Source LLC
Chambersburg PA
CBHW061128210326
41458CB00066B/6099